U0612641

全国热带农业科学家精神教育基地系列图书

热土留声

——回忆里的中国热带农业科学院老院长 何康

朱安红 主编

中国农业出版社
北京

图书在版编目（CIP）数据

热土留声：回忆里的中国热带农业科学院老院长何康/朱安红主编. —北京：中国农业出版社，2022.9
ISBN 978-7-109-29976-4

Ⅰ.①热…　Ⅱ.①朱…　Ⅲ.①何康－纪念文集　Ⅳ.①K826.3-53

中国版本图书馆CIP数据核字（2022）第166561号

中国农业出版社出版

地址：北京市朝阳区麦子店街18号楼
邮编：100125
责任编辑：黄　宇　王黎黎　李　蕊
版式设计：杜　然　责任校对：吴丽婷
印刷：北京中科印刷有限公司
版次：2022年9月第1版
印次：2022年9月北京第1次印刷
发行：新华书店北京发行所
开本：787mm×1092mm　1/16
印张：8.25
字数：120千字
定价：70.00元

编委会

序

在爸爸去世一周年之际，得知《热土留声》的书稿即将付梓。作为"两院人"的后代，一篇篇回忆的文字把我带回了那段激情燃烧的岁月。爸爸离开"热作两院"（华南热带作物科学研究院即今天的中国热带农业科学院、华南热带作物学院即今天的海南大学）已经45年了，"两院人"仍怀念着他们的"何康老院长"。热科院策划、组织将其编入文集，让我深深感动。缅怀前辈，为的是"两院精神"得以传承。

1957年，我随爸爸由北京南下广州，第二年又举家来到海南儋县（今儋州市）。在王震部长、陶铸书记的指导与关怀下，开始了迁所建院的征程。在当年苏东坡被放逐，"食无肉、病无药、居无室"之地，开荒破土建所，草棚上马办院，齐心协力，众志成城，在海南生产第一线，建立起了中国热带作物科研教育的中心。

爸爸入党后的两位单线领导人，董必武副主席称赞："作始也简，将毕也奇"，叶剑英元帅勉励："40年前旧橡园，将来发展看无边"。爸爸走上革命道路的引路人——敬爱的周总理1960年2月9日访问所院时，专门探望了我家。看到门框上父亲写的对联："儋州落户，宝岛生根"，说："先有立业，才能生根"。于是，便题写了"儋州立业，宝岛生根"，这不是写在墙上的口号，而是刻在心中、落在实处的信念。

爸爸1952年担任了林业部特种林业司司长，时年29岁。1978年调回北京担任农林部副部长，已55岁。他将人生最美好的年华奉献给了中国的橡胶、热作事业。其间担任"热作两院"领导20年，宝岛新村已成为他的第二故乡。我还记得橡胶北移栽培技术荣获国家发明一等奖时，他向中国橡胶垦殖事业的首位领导叶剑英报喜的情景。1988年，他陪同王震副主席和海南省的主要领导，参加迁所建院30年大会时激情洋溢的讲演，言犹在耳。亲密的战友黄宗道院长逝世时，他写下了"数十载风雨同舟亲如兄弟恸哭失君，半世纪宝岛生根叶茂果硕笑慰告留"的挽联。88岁生日时，"两院"老同事们在海口热作院新址为他庆贺，欢乐的场面长留心中。他带着全家、包括重孙子，生前最后一次返回宝岛新村，四代人在植物园留下了合影，让我们将"热作两院的精神"一代代传下去。在爸爸百岁诞辰之际，我们将把他和妈妈的骨灰撒在宝岛新村的胶林深处，魂归故里，热土留香。

在这里我向大家推荐这本书，希望中国的热带农业科技工作者，继续勇敢攀登，达到更加辉煌的顶峰，不断为造福全人类作出新的更大贡献。

何达

2022年7月

"儋州立业，宝岛生根"，这是周恩来总理满怀深情的寄语。

中华人民共和国成立后，在中国共产党的领导下，科学事业受到前所未有的重视。华南热带林业科学研究所（中国热带农业科学院前身，以下简称中国热科院）于1954年成立，1958年迁址宝岛海南，肩负"应国家战略而生，为国家使命而战"的使命，至今已走过68年辉煌历程。

从1957年起，何康同志被任命为华南热带作物研究所所长，在担任华南热带作物科学研究院和华南热带作物学院（简称"热作两院"）院长、党委书记的长达20余年时间里，他带领广大热带农业科研人员白手起家，团结协作，致力于天然橡胶及热带作物事业发展，建起了数万亩胶园及热带植物园，形成了初具规模的热带作物科研和教学基地，为国家热带农业科技事业的发展奠定了坚实基础。在艰苦的创业年代，何康同志为中国热带农业科技事业发展付出了宝贵青春，倾注了大量心血，作出了巨大贡献。

1993年，何康荣获世界粮食将基金会颁发的1993年度"世界粮食奖"。

2021年7月3日，何康院长永远地离开了我们。在他身后，留下了国家热带农业科技事业发展的广阔蓝图，还留下了要将热带农业科技事业传承下去的接力者们。

为了更好地纪念这位拓路者，本书通过有计划地访问一些在海南与何康共事过的干部职工，由他们将那个时代亲历、亲见、亲闻的院所发展历史进行回忆口述，经采访者整理文字照片资料，集腋成裘，聚沙成塔，用带着时代印记的照片、情真意切的回忆、满怀追思的文字，向何康同志致以最崇高的怀念。他的精神如同希望之火，激励着一代代热科人扎根热土，无私奉献，为国家热带农业科技事业发展贡献智慧和力量。

本书初稿完成后，分别送院领导及院机关部门、院属单位有关专家领导审阅，进行内容修改完善；本书定稿前，分别呈送院领导班子成员审阅。在书稿文字和照片整理、收集过程中，中国热科院院本级和各所站的有关同志做了大量工作。在此谨向提供有关文字照片资料、审阅书稿的领导及同志表示衷心感谢。

由于资料和作者的理论水平及实践经验均有局限，不足之处恳请批评指正。

编　者

2022年5月

何康简介

何康同志，曾用名王相国，祖籍福建福州，1923年2月23日出生于河北大名，自幼随父亲何遂辗转北京、西安、南京等地读书。

1936年5月考入福建马尾海军军官学校，开始接触进步书刊，接受新思想启蒙。

1938年1月，加入中华抗敌演剧宣传第七队，接受党的领导并参加革命工作。1940年7月起，先后就读于成都光华大学和广西大学经济系，后按党的要求转入广西大学农学院农学系学习，并受中共南方局领导，从事党的地下统战工作。同时坚持学习，试办实验农场，投身生产实践，打下了坚实的农业专业知识基础。

新中国成立后，何康同志历任华东区财委农林水利部副部长、华东军政委员会农林部副部长。1952年起，历任林业部特种林业司司长、农业部热带作物司司长、农垦部热带作物司司长。他按照中央指示，参与新中国橡胶生产基地的建设，具体负责以海南为主的华南橡胶开发工作。足迹踏遍华南四省，进行实地考察，努力推进我国橡胶产业发展，取得了良好效果。1957年3月起，他先后担任华南亚热带作物科学研究所所长，华南热带作物科学研究院院长、党委书记，华南热带作物学院院长、党委书记，致力于新生的天然橡胶及热带作物事业发展。

在特殊时期，他始终排除干扰，狠抓橡胶生产与技术革新，主持制定了《天然橡胶技术规程》，推广技术革新和林业管理的机械化，切实保障了橡胶产量。

1978年1月起，何康同志历任农林部副部长，国家农委副主任、党组成员兼农业部副部长、党组成员，农牧渔业部副部长、党组成员兼国家计委副主任。

1983年5月起，何康同志历任农牧渔业部部长、党组书记，农业部部长、党组书记。1986年起兼任中国科学技术协会第三届、四届副主席。

1990年后，何康同志担任全国农业区划委员会副主任、中国乡镇企业协会会长、中国花卉协会会长、全国人大常委等职务。曾荣获世界粮食奖基金会颁发的1993年度"世界粮食奖"。

1999年1月离休后，他继续关心农村改革和"三农"事业发展，继续关注海南和家乡经济社会发展，为加快社会主义新农村建设积极建言献策，贡献力量。

2021年7月3日8时01分，何康同志因病医治无效，在北京逝世，享年99岁。

目 录

何康满月照

小三以正月八日生 方面大
耳巨头 目光耿然有神 啼声
极大 命者云是富贵寿考相
年十八即当发韧 为社会英
终其身无蹇运也……

何遂题何康满月照

何康毕业照

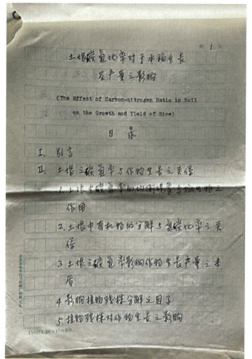

何康毕业论文

1959年，何康夫妇在海南儋县过春节

赠　热带研究所
海南万里是我家，儋耳古郡乐生涯。
穷研橡树探国宝，苦育青年培奇葩。
速生高产林中秀，低价优质艺非奢。
热作五料皆珍品，开遍琼崖富贵花。

范长江
1962.05.21

何康与范长江合影

1962年，何康一家在海南儋州团聚

1962年，带领科研人员到海南尖峰岭考察

考察海南尖峰岭

1963年，何康所长在油棕队和职工谈生产情况

20世纪50年代召开誓师大会

何康夫妇上百封的两地书（三百多页）描述了"热作两院"的工作与生活

"热作两院"建院30周年庆祝会

出席"热作两院"三十周年院校庆活动

到广东湛江加工所考察工作

与"热作两院"老战友共度88岁生日

热土留声
——回忆里的中国热带农业科学院老院长何康

不忘热作事业，怀念宝岛新村

首任"热作两院"院长何康与继任院长黄宗道拥抱橡胶树

1958年，何康带领科研人员迁所建院，草房上马

1962年元旦，何康在""热作两院""运动会开幕式上讲话

1962年10月，何康带领科研人员到尖峰岭考察（前排右五）

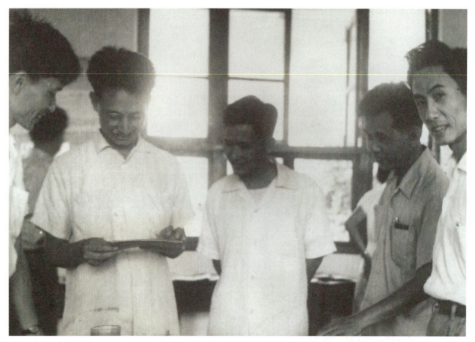

1963年6月，何康参观""热作两院""附中附小成绩展（右二）

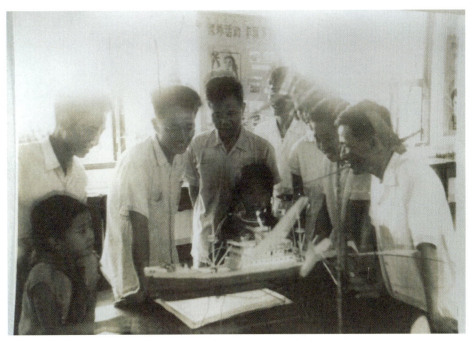

1963年6月，何康参观""热作两院""附中附小成绩展（中右二）

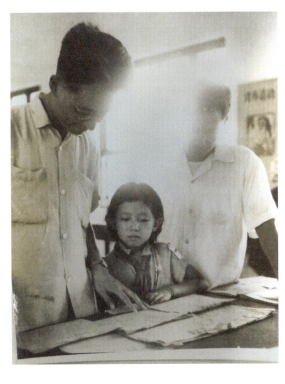

1963年6月，何康参观
"热作两院"附中附小成绩
展（左一）

1963年9月，台风过后，何康带领所院领导班子及时到各生产队了解风害情况（正中）

1964年5月，何康在""热作两院""庆祝五一国际劳动节上讲话

1964年9月，何康在""热作两院"" 第三届毕业生毕业典礼大会上作工作报告

热带农业拓路人

何康

2021年7月1日，中国共产党成立100周年，何康已有82年党龄，他这一生都在追随党。是一个永远有革命斗志的人。

何康出生在革命家庭，他的父亲何遂是辛亥革命元老，是有名的儒将，早年参加中国同盟会，拥护国共合作，母亲为留日生。在开明家庭的影响下，何康从小就具有革命精神和革命志向。

1939年，年仅16岁的何康加入中国共产党，担任学校地下党支部书记。他的两个哥哥也在抗战初期奔赴延安投身革命，加入中国共产党后，被派到国统区长期从事党的地下工作，与何康组成了兄弟三人党小组。

1941年，何康进入广西大学就读，先学经济，后改学农艺专业。这一决定，让何康的革命理想与中国热带农业科技事业紧密相连。

1952年，年仅29岁的何康受命担任林业部特种林业司司长，特种林业指的就是天然橡胶。刚开始，何康不懂天然橡胶，但他说："革命者，大无畏，'要敢于第一个吃螃蟹'"。何康走马上任后便奔赴海南、云南、广东等地调查研究，了解天然橡胶的生长习性并寻找更多适合种植橡胶的地方。

经过长达3个多月的细致深入调研后，何康长途跋涉到海南，与20万名胶工一起开展了轰轰烈烈的垦荒植胶运动。

用种子培育的橡胶实生苗产量很低，而且受季节性限制特别大。何康便根据他所学的农业专业知识，提出用芽接的办法来培育橡胶苗，橡胶产量大幅增加。

1956年，国家提出天然橡胶要进一步提高产量和质量的要求，加强经营管理，发展多种经营，全面开创农垦事业。这一年，何康下定决心一辈子搞橡胶工作，主动要求到华南亚热带作物研究所当所长。

开创之功：热作科教事业奠基人

为适应科研与教学生产相结合，1958年，何康组织创办了华南农学院海南分院。1959年，华南农学院海南分院更名为华南热带作物学院，这是我国第一所热带作物高等院校。

热作科研机构加高校，既有科研院所进行科学研究，又有农业大学培养科研后备力量。这对推动新中国热作事业的发展具有战略开创意义，中国热区如今的发展，何康居功至伟。

建院初期，艰苦创业，白手起家。何康带领全院科研人员，草

何康在中国热带农业科学院儋州基地调研

房上马搞科研、办大学，与煤油灯相伴，挖野菜充饥，与科研人员、师生、工人一起吃木薯，在儋州建起了热作科研基地，为中国热作科研教学事业奠定了坚实的基础，拓展了巨大的发展空间。何康带领第一代热带农业科研工作者将中国热带农业科学院和随后创建的大学初步办成我国橡胶、热带作物科学研究和高等教育中心，取得了许多具有国际先进水平的重大科研成果，培养了一大批热带农业专业人才。

何康是我国热作科教事业当之无愧的奠基人。

赤子之心：始终装着国家和人民

何康坦诚、纯洁、仁爱，怀有一颗赤子之心，心中自始至终装着国家和人民。

何康一家一直住在两居室的平房，把最好的生活条件让出去，直到他调离中国热带农业科学院。每逢节假日他都要到实验室、课室和试验基地去看望科教人员和工人。至今健在的中国热带农业科学院老同志，每每谈及老领导何康，总是热泪盈眶。

老职工杜发兴记得，有一年，他一家人从宝岛新村乘卡车到海口，驾驶室右座留给何康院长。何康院长发现杜发兴一家人站在卡车货箱上，便坚持让老杜的妻女坐到驾驶座，他和老杜在货箱上一直站着唠嗑到海口。

看到热区的农民也在尝试种植天然橡胶，何康很高兴，派出科技人员无偿提供良种橡胶芽条，帮助儋县石屋大队芽接，加强胶园管理，传授割胶技术和制胶工艺，使石屋橡胶产量人人提高，集体经济增强，农民收入提高。石屋大队对何康的帮助一直念念不忘，每年春节大队长都要到院里拜年。何康离休后，还和中国热带农业科学院的几名老专家到四川攀枝花实地考察，把芒果引入攀西地区种植，并大获成功。

任农业部部长后，何康最担心的是粮食安全问题，提出"提高粮食单产，保障粮食安全，一靠政策、二靠投入、三靠科技，但最根本的还是要依靠科技来解决"。在任农业部部长期间，他为解决中国粮食问题做出了重要贡献。1993年，何康获得"世界粮食奖"，成为第一个获得此奖的中国人，20万美元奖金他全部捐给中华农业科教基金会，用于奖励高等农业院校品学兼优的学生和农业科研项目。

何康毫无私心杂念，有科研成果乐于与兄弟单位分享。1959年，在国家科委的倡导下，何康提出"开展全国大协作，生产、科研、教学拧成一股绳"的主张，最终建立起与广东、广西、云南、福建四省（区）热作科研机构的联系与合作，对橡胶等重大科研项目组织联合攻关，在我国初步构建起以中国热带农业科学院为中心的热带作物科研体系。

热土之恋：桃李天下最爱海南

天然橡胶是热带作物，何康是中国天然橡胶事业第一位领导人，他也因此与热土结缘，与海南结缘，回到北京后，他依然时刻牵挂着海南和中国热带农业科学院。

与中国热带农业科学院离退休干部交谈

　　从1958年到1978年，何康在海南整整工作20年。他说，那20年是非常有趣的经历，也是我最为自豪、最为骄傲的一段岁月。在那段岁月里，我和黄宗道等很多科学家一起突破外国专家北纬15°以北的"植胶禁区"，成功地在我国北纬18°～24°地区大面积种植橡胶，还将它发展成一个巨大的产业。

　　他在海南期间，科研上，带领全体员工建立了海南热带植物园，搜集了大量本岛热带珍稀濒危植物种质资源和世界热区经济植物；建立文昌椰子试验站，对椰子产业发展进行研究；建立兴隆试验站和兴隆热带植物园，发展热带香料饮料产业。教学上，他锐意改革、大胆创新，不断探索和改进科研、教学、生产三结合的形式，加强科研教学工作。为适应教学需要，组织专家编写了《中国橡胶栽培学》与《热带作物栽培学》，全文翻译了《马来西亚橡胶栽培手册》，并亲自参与撰写译文。

调研海南热带植物园

这既总结了我国在热带作物领域所取得的科研成果和生产经验，也同时解决了当时上专业课没有教材和参考书的问题，开创了我国橡胶的研究之路。

何康对海南的爱，是对国家热作事业情感的凝聚。即使在退休后，仍念念不忘海南、不忘热区、不忘热作，不时回海南看看走走，看看他为之奋斗过的地方都有哪些变化。

何康经常念起："在海南20年，学生很多，桃李遍天下，心系中国热带农业科学院，最爱海南岛。"

2018年，何康特别发贺信对中国热带农业科学院迁址海南60周年以来所做贡献给予充分肯定："60年来，中国热带农业科学院人始终不忘初心，牢记使命，砥砺前行，立足海南，服务中国热区，走向世界热区，为国家战略、热带农业产业升级、热区经济社会发展和中国农业'走出去'等做出了卓越贡献，在国内外产生了广泛而深远的影响，我作为曾经是、现在和将来都是中国热带农业科学院的一分子为此而感到骄傲和自豪！"

何康在北京家中会见中国热带农业科学院专家

胶林深处的思念

何康的一生，与新中国的天然橡胶事业结下了不解之缘。

20世纪50年代，天然橡胶是全球紧缺的战略资源。抗美援朝战争爆发后，西方国家对中国实行封锁禁运，作为军需物资的天然橡胶严重匮乏。而且，当时所有的社会主义国家都不能生产天然橡胶，大家把产胶的唯一希望寄托在了中国华南热带北缘地区。

响应号召：奔赴祖国最南疆

为解国防事业和国家经济建设的燃眉之急，党中央提出了"一定要建立我们自己的橡胶生产基地"的战略决策。

1952年6月，年仅29岁的何康担任林业部特种林业司司长，南下广东、云南、广西、海南实地考察，寻找最适宜的植胶地。

当时，大家对橡胶一无所知，何康带领专家们翻遍了能接触到的一切外文书刊，最后找到一本由印度尼西亚植物生理学家所著的《三叶橡胶研究三十年》，立即组织大批专家参与翻译校对，这本书成了中国橡胶研究起步阶段的启蒙教材。

在华南五万多平方千米范围内寻找橡胶树的宜林地，是新中国发展天然橡胶事业的突破口。宜林地的勘察是艰苦而危险的。闷热的华南之夏，赤地千里，骄阳当空。所到之地一片荒凉，风餐露宿，凶险莫测。何康带领专家们，靠双腿跑遍了华南的崇山峻岭、边陲极地，一顶蚊帐、一块油布、一把雨伞、一袋干粮，伴随他们度过勘察天然橡胶宜林地的艰苦岁月，他们要让产于北纬15°以南赤道附近地区的三叶橡胶覆盖华南大地！

何康在儋州工作期间的办公室旧址

迁所建院：创造北纬18°~24°植胶奇迹

"海南的自然条件更有利于橡胶的科学研究，搞农业科研，不到生产基地去怎么行？"1958年，经过慎重研究，研究所迁到海南儋县。他带头把全家迁到了儋县，誓与天然橡胶事业同呼吸共命运。

离海口市160多千米的儋县联昌，曾经是一片人烟稀少的荒野。这里草比人高，蟒蛇蜈蚣满地，野猪横冲，疟疾肆虐。雅拉河发大水时，交通阻断，番薯、木薯、野菜就是充饥食粮。

生活异常艰苦，何康带领大家自力更生，自己动手建茅草房，中间一块帘布，就住上两家人。屋顶时有蛇、蝎、蜈蚣掉下来，特别在睡觉时，心情尤其紧张。

1958年9月的一场强台风，几乎刮倒了所有茅草房。电闪雷鸣的暴风雨之夜，何康和全家人相拥在一起，经受这强台风的洗礼。

台风过后，何康和同事们望着倒塌的茅草房，一个个破涕为笑："大家刚才洗了个痛快澡，现在该干活了。"何康幽默地说，"我们要让宝岛新村两薯挂帅，木瓜开花！"随后，男女老少齐上阵，一起修房屋。到了晚上，何康宣布："今天晚上我们举办'扎根在儋

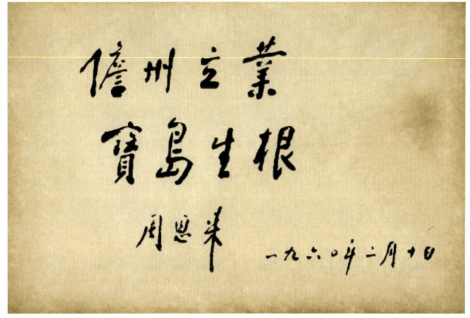

周恩来总理亲笔题词

州、创业在宝岛'歌舞晚会，门票免费，参加者每人奖一碗糖水木瓜汤！"废墟上响起一片欢呼声。

何康和老一辈的创业者们总是用乐观的态度来面对困难。他以苦为乐，在家门口贴上对联"儋州落户，宝岛生根"，表示了扎根海南发展橡胶事业的决心，这也便成了周恩来总理1960年2月观察"热作两院"时，"儋州立业，宝岛生根"题词的由来。正是这种"无私奉献、艰苦奋斗、团结协作、勇于创新"的精神，开创了新中国的天然橡胶事业。

20世纪60年代，中国云南、广西、广东、福建省（自治区）种植天然橡胶获得了成功，特别是海南岛第一代胶林流出了乳白色的琼浆！中国成为当时世界上第42个重要的产胶国。西方橡胶专家关于"植胶禁区"的谣言不攻自破！

何康在最初的巨大成就面前没有满足，没有停步。他带领专家系统总结了国内外橡胶树高产稳产的经验，主编了《热带北缘橡胶树栽培》等书，解决了当时上专业课没有教材和参考书的问题，开创了我国天然橡胶的研究之路。

目前，中国植胶面积已超过1 700万亩[*]，开创了世界植胶史的奇迹！

风采常存：音容笑貌历历如昨

何康老院长没有官架子，总是以普通劳动者的身份出现在群众

---

[*]亩为非法定计量单位，1亩≈667米^2——编者注。

之中，态度和蔼，平易近人，谈笑风生，充满信心。

他经常与群众同吃住、同劳动。节假日，他常与群众一起跳交谊舞。外出开会回来，经常给职工、学生作报告，宣传国内外大好形势，指明从事热带作物事业的光明前景。

他较长时间外出后，一回到院里，哪怕工作再忙也要抽空登门看望老专家、老教授。他还经常下生产队挨家挨户探望老工人，嘘寒问暖，尽力为他们排忧解难。

在路上遇见科教人员或干部，何康总是主动打招呼，能叫出每个人的名字，使人倍感亲切，充满温情。这些温暖的记忆在中国热带农业科学院传为佳话。

1964年，院部修建了一批住宅新房。当时无论从哪个角度来衡量，何康都可以而且应该首先入住新居。但他却一直坚持让老专家、老教授先住，自己暂不入住。从1958年迁至海南直到何康调离，一家五口一直住在普通干部居住的平房里。

这种"先天下之忧而忧，后天下之乐而乐"的高尚情操，深深地铭记在中国热带农业科学院人的心里——这是他留给后人的宝贵精神财富。

橡胶加工二三事

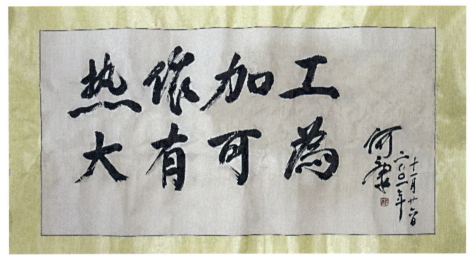

何康题词

　　何康是专家型领导，总是尽可能帮助科研人员提供科研信息，创造科研条件。

　　1961年10月，机缘巧合之下，农产品加工研究所刘铁山同志陪同何康考察了皱片胶生产现场，何康记住了刘铁山是搞皱片胶的科技人员。不久后，他便让秘书把肖克副部长的信转给刘铁山看。肖克副部长在信里提出很多问题，刘铁山一一作答，回复给何康。没隔多久，所里又收到一箱锡兰（现为斯里兰卡）的皱片胶样本，也由刘铁山进行科学研究。

何康很重视对取得的科研成果进行宣传和展示。1959年，加工所为海南省西庆农场设计了我国第一个烟片胶生产厂，投产成功后，引起各方重视，来参观学习的人很多，国家领导人常来视察，外国元首也来参观。1959年8月的一天，何康和西庆农场场长陪同领导来车间参观，由邓平阳进行介绍。

邓平阳介绍了胶乳凝固、凝块压片、洞道式烟房干燥的工艺过程。介绍到洞道式烟房时，引起了前来参观的国际友人的浓厚兴趣，

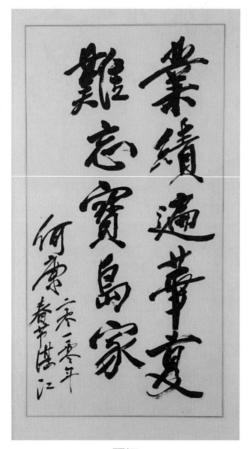

题词

他们多次提出问题，邓平阳都一一解释，再由翻译讲给外宾听。后来，何康对邓平阳说，你可以直接用英语讲解。于是邓平阳就用英语讲解，与外宾交流得很愉快。

何康还十分重视学习国外的经验和科研成果，一有机会就争取派员出国考察，学习更先进的技术。1973年，何康带领田之宾、肖敬平、赵灿文赴马来西亚考察，参观标准胶生产。回国后随即就安排加工所、院本部和国营南田农场分别采用3种不同的方式，开始标准胶的研制，并实现制胶连续化生产。1976年，加工所便为湛江南华农场设计我国第一个标准胶厂。1982年，加工所又为海南省南茂农场设计了达到当时世界先进水平的标准胶连续化生产线。

何康任院长期间，国家还没有成果鉴定、报奖之类的制度，但20世纪80年代，加工所获得了近20项省部级以上的科技奖项，这些成果的取得与何康在院任领导时打下的基础密不可分。

热土凝香

题词

　　"发展热作科研事业，首先是立足于为人民服务，帮助热区人民解决热作生产中遇到的技术难题，提高产量，改善人民生活水平。"何康关于兴隆试验站（中国热带农业科学院香料饮料研究所前身）建站初衷提出的"为人民服务"指示，一直印刻在香料饮料研究所人的心中。

　　为了发展我国的天然橡胶事业，何康老院长深入生产一线，到海南各地区考察，了解当地热作生产的自然条件，兴隆优越的光热资源和归侨贫困的生活给何康留下了深刻的印象。

确立建站：为人民服务

1955年，何康老院长到兴隆考察时，当时国营兴隆华侨农场党委书记张奋和场长詹力之对何康说，兴隆华侨农场种植的热带作物，如胡椒、咖啡等，产量很低，不能为归侨带来很好的经济效益，他们请何康帮助农场培训归侨热带作物种植技术，发展热作产业，改变生产落后的局面，从而改善归侨的生活。

兴隆华侨农场领导的想法，与何康老院长内心的一个规划不谋而合。何康老院长在充分考察调研我国热区资源后，对研究所的组织架构做了精心规划，除了在广东、广西、云南、福建等热区分别建有试验站外，还在海南根据不同的气候资源条件和生产条件，分

调研兴隆热带植物园

别建设了儋县联昌试验站研究橡胶种植，文昌试验站研究椰子种植加工，三亚试验站研究剑麻种植加工，而兴隆地区归侨带回国的丰富热作资源，正好可以建设一个兴隆试验站，主要开展胡椒、咖啡等典型热带作物的科研工作。

何康老院长曾回忆到："兴隆地理条件很好，日照丰富、光热条件好，水资源又很充分，而且有温泉，加上华侨带回的热带作物，如果在这里发展热带农业科研，应该是大有可为的。""建站的地点最后是我定下来的，就在当时唯一一条公路的入口处，兴隆华侨农场也给了我很大的支持，划拨了大约500亩土地，作为兴隆试验站建设基础设施，建设热带作物试验基地，开展热作科研之用。"

1957年4月，9名科研人员和10多名工人在首任站长田之宾的带领下，按照何康老院长指示来到兴隆，开始了白手起家的创业历

何康与香料饮料研究所张籍香研究员交谈

程。正是何康老院长先知先觉的构想，拉开了兴隆试验站——香料饮料研究所建设发展的画卷，这幅画卷浓墨重彩、波澜壮阔、曲折动人，上面描绘着白手起家、艰苦奋斗，记录着百折不挠、勇于创新、无私奉献，也交织着贫困与富足、失败与成功，还有光荣与梦想。

支持创业：坚持搞科研

兴隆试验站建立后，它的命运就同祖国的发展紧密相连。在国家成立之初，兴隆试验站的发展之路非常坎坷，刚建一年左右就撤销，撤销了又重建，重建又划归部队建制，再重建……但是，无论

调研兴隆热带植物园

是公社化，还是"文革"时期，兴隆试验站的科研人员在阶级斗争的历史沉浮与动荡中，按照何康老院长的要求，一直艰苦创业，坚持搞科研。

何康老院长非常关心兴隆试验站的科研工作，确定了试验站首批两个科研课题，即："一种咖啡的生物学习性观察"和"中粒种咖啡单干修剪试验"。这两个课题是针对当时兴隆华侨农场的生产形势确定的，它奠定了兴隆试验站热作科研工作紧密结合生产实际的优良传统。

何康老院长非常关心兴隆试验站科研人员的成长。20世纪60年代，他组织开设英语培训班和生物统计培训班，很多科研人员积极参加。1973年，何康老院长亲自带领出之宾站长等到马来西亚考察标准胶生产。

"你要利用晚上的时间看书学习，才有办法提高自己。"何康老院长的这句话激励了张籍香研究员一辈子，直到今天，90岁的张籍香仍然经常看书看报纸，自学很多知识。"在1959年至1960年研究咖啡课题时，针对具体怎样做、多少人负责、研究地点、研究目标、年底预计达成什么样的目标等，何康老院长全都会召集课题组研究人员一个一个具体布置工作，很少有领导这样做工作。"张籍香对何康老院长严格细致的工作作风记忆深刻。

当时，由陈伟豪、许树培、郑一心主持完成的项目"海南岛可可枝梢生长及开花结果特性研究"，由陈乃荣、戴月明、吴家耀主持完成的项目"小粒种咖啡丰产栽培技术研究"，在国内处于领先水平。"胡椒瘟病综合防治""胡椒丰产栽培技术""可可的引种试种"等研究课题也如火如荼地开展。

关心发展：永远心系香料饮料研究

1988年3月，在兴隆试验站建站30周年之际，何康老院长为兴隆试验站题词"华南热作院兴隆试验站海南省供销综合加工厂联合咖啡厂"。1997年5月，何康老院长在黄宗道院士的陪同下回到香料饮料研究所考察；2000年4月何康老院长和夫人在黄宗道、余让水两位老院长的陪同下，再次回到香料饮料研究所种植椰子树留念。

何康夫妇在香料饮料研究所种树

　　2012年6月，在香料饮料研究所成立55周年之际，何康老院长欣然为香料饮料研究所纪念55周年发展纪实《热土凝香》作序，他深情地写到：当我看完《热土凝香》这本纪实，过去那种充满激情、战天斗地、为祖国之强大崛起而勇敢奋斗无私奉献的情感又充盈胸间……我希望香料饮料研究所后来人能够通过这本书了解香料饮料研究所的历史，了解香料饮料研究所前行者所创造的物质财富和精神财富，把前辈的光荣继承下来并发扬光大，以此作为激励和鞭策，与时俱进，不断开拓创新，为祖国、为人民创造更多的物质财富和精神财富。

椰子研究是他的牵挂

何康题词

　　何康十分重视木本油料作物研究，1959年就组织成立了椰子研究小组，积极开展椰子研究，并一直关注木本油料研究进展、椰子研究所事业的发展。何康老院长于1978年调离"热作两院"，但他一直挂念热作事业，挂念椰子研究。

　　1957年初，何康任华南热带林业科学研究所（中国热带农业科学院前身）所长不久，大刀阔斧开展了十项工作，其中第七项是："组织科技人员下楼出院，开展样板田活动。"要求科技人员根据自己的专业分散到各个农场、公社蹲点建立专业样板，总结生产经验，进行试验和推广成果。1959年派出由邓励、林鸿燕和徐月发3人组成的椰子研究小组前往文昌建华山开展椰子调查研究。

1960年2月，周恩来总理视察"热作两院"，得知椰子树不仅是一种热带果树，还是一种多年生木本高产油料作物，一个成熟的椰子果实可以榨出二两油。心里总是装着人民的周总理指示："椰子的科学研究一定要上马"。何康经过反复思考后，找到张诒仙同志，让她立马着手开展椰子研究。张诒仙加入椰子组，组建了最早蹲点在建华山土地庙的4人小组。

1964年，何康带队到文昌东郊建华山大队看望在这里长期从事椰子研究的木本油料组人员。他十分关心科研人员的工作和生活情况，反复询问："你们椰子调查进展得怎么样？工作和生活有什么困难？"看到东郊建华山的椰子长势很好，他说："椰子产业大有可为，要大力发展椰子产业。"还嘱咐大家要扎实做好椰子调查工作。

调研中国热带农业科学院椰子所

1964年，党中央决定开展以丰产为目标的农业样板田活动，在何康的积极争取下，海南以橡胶为主的热带作物被列为全国十大样板之一。为了利用这一有利形势，带动其他热带作物的发展，在何康主持下，编制了海南热带资源综合开发利用科学研究计划任务书，以及椰子、油棕、剑麻、药用植物、香料饮料作物等专项计划任务书。

　　2004年9月12日，81岁的何康在时任副院长谭基虎的陪同下到椰子研究所视察，与干部职工座谈交流，参观椰子大观园。

　　时任椰子研究所副所长的赵松林回忆起这段经历时，感慨地说："何康老院长对椰子、油棕十分重视，也很关注，在所里考察时，他多次提到椰子、油棕的重要性，详细询问了椰子、油棕的产业和开展研究情况。"唐龙祥研究员回忆道："何康老院长对椰子的功能十分感兴趣。在所里考察期间，他看到IPPCC（椰子共同体）杂志《Cocnmunity》里有一篇文章写的是椰子食品功效方面的，提了2003年的SARS，他十分感兴趣，问我能不能把这本书给他。"

亲手种植椰子树

座谈交流时，何康老院长听取了关于中国热带农业科学院椰子研究所发展和椰子研究情况的汇报。在听取科技人员汇报了椰子研究所经过艰苦努力，培育出 $78F_1$ 椰子新品种之后，他说："世界椰子大，中国椰子小。大家搞科研还是要多走出去，科技人员要站在国家需要的战略高度，加强国际合作，提升椰子发展水平。"

当天下午，何康老院长到椰子大观园参观时，详细询问了椰子大观园植物种类，椰子研究情况、椰子品种和椰子发展定位。"他对植物的拉丁文很熟悉。"时任椰子研究所所长马子龙回想当时何康老院长考察椰子大观园的情形时说道。

当何康得知椰子大观园园区汇集200多种棕榈植物、130多种海南特色树种以及17种世界各地椰子品种，是我国目前棕榈植物品种保存最多、最为完整的植物园后，对园区的建设及定位给予了很高的评价。他在椰子大观园种下了一棵期望之树——黄矮椰子（文椰2号）小树，这棵树伴随椰子研究所的发展一起成长了17个年头，现在已硕果累累。

参观结束后，他还写下了"世界椰子之窗，中国椰子博览"的题词，这幅题词到现在还激励着椰子研究所为热带油料事业发展不懈奋斗。

何康题词

何康的"热农"情怀

1954年3月，华南热带林业科学研究所（中国热带农业科学院前身）
在广州成立

　　1958年初，为搬迁到海南更好地开展橡胶种植生产研究，何康派人到海南进行所址勘察，后经多方论证比较，决定选址海南儋县。

　　当年3月，何康亲自组织研究所从广州迁去海南儋县。当时所里共有职工200多人，除了2名水电工留在广州，所有人都跟着何康前往儋县。当时儋县建院的选址地还是一片荒地，水、电、道路、房屋等基础条件全不具备，荒草丛生、蛇虫出没。但这些人依旧义无反顾地跟着何康当起了"拓荒人"。

建院之初，条件非常艰苦，何康从不搞特殊化，与普通职工同吃同住同劳动，打成一片。"盖草房教室，抓青蛙，吃霉变陈米、虫蛀番薯干，当时的日子真的很苦，但何康总能带来新鲜花样。组织大家跳交谊舞，用当时仅有的木薯，想方设法做成各种好吃的糕点，喝咖啡，看露天电影……大家的精神状态都非常好，也不觉得苦，那么艰苦的条件，也没哪个人想过离开，都干劲十足。"回忆起那段岁月，曾跟随何康的老部下项斯桂如是说。

苦中作乐，物质匮乏，但职工的精神世界却极大富足，在何康的组织下，华南热带林业科学研究所在海南扎下了根，华南热带作物学院依托研究所成立，大家亲切地把这两个机构称为热作两院，还给驻地起了一个响亮的名字——"宝岛新村"。这群人，硬生生地把苦日子活出了新味道，把荒芜过出了新模样。

为解决师资力量薄弱问题，何康四处奔波，争取师资人才和支持。一件趣闻流传至今，1961年，何康邀请南京农学院、中山大学等知名大学的校长来热作两院，用当时仅有的木薯做成各式各样的糕点招待他们。很多北方人没吃过木薯，而且木薯糕点花样又多，大学校长们吃了非常高兴，一个大学校长说："你们伙食吃得好啊！以后要多多安排人才来院工作！"

那个年代，海南交通不便，为了保障物资供给和人才输送，何康发挥他超凡的组织能力，在北京、广州、湛江、海口都建了中转站。这些中转站为热作两院的发展做出了重要贡献。经历过多次机构改革后，这些中转站也慢慢转型成为热带农业科技创新和成果展

何康参加广州校友1999迎春会

示转化的科研机构，以另一种身份为热带农业默默奉献。

中国热带农业科学院广州实验站的前身就是何康在"热作两院"任院长期间在广州建设的中转站。1958年，华南热带作物科学研究所从广州迁去海南儋县后，在广州留下广州工作站。1976年，为满足"热作两院"科研、教学发展需求，何康布置重建广州办事处。经多番波折努力，1978年10月，广东省革委会批准恢复"热作两院"广州办事处。

1982年，为适应改革开放新形势发展，经农垦部批准，广州办事处与广州市饮食服务公司合作，建设办公楼。期间，广州办事处大楼的建设引起了一些误解，部分同志认为此举是将总部搬回广州的前兆，一纸状书送到了农林部。农林部前后派遣两批调查小组到广州办事处调查情况，当时已经调回北京的何康，深知广州办事处这一中转站对院所发展的保障作用，多方从中协调帮忙，经历四年曲折，广州办事处大楼1986年建成，9月设有食堂的招待所正式对外营业。至此，"热作两院"的科技人员、老师、学生去海南在广州中转或到广州出差期间的住宿、吃饭等条件上了新的台阶。广州办事

题词

处承担了"热作两院"广州、深圳两地离退休老干部的服务管理任务，院校及各单位委托办理的各项事务及对外联系、接待，以及当地各级政府布置的任务。

1999年2月24日，何康组织于光、黄宗道、吕飞杰、余让水等老领导在广州草暖公园聚会，期间看到广州办事处已经具备接待一百多人的条件，科研人员、教职工和学生在这里吃住，何康非常高兴，为广州办事处亲自题词"促进热作事业，服务宝岛乡亲"。当时广州办事处为来往人员提供接送、吃住、购票等后勤服务及各单位各种委办事项，工作任务繁重，得到何康肯定，职工很受鼓舞，更加任劳任怨开展工作，努力做好全院科教职工、学生的服务工作。

随着时代的发展和进步，广州办事处后勤中转的职能逐渐弱化。2002年，按照相关科研机构体制改革的要求，广州办事处更名为中国热带农业科学院广州实验站农业事业单位。

直到1978年调回北京，何康为中国橡胶事业奋斗了20余年。离开热作两院后，何康仍对热作两院、热带农业、海南、广东有着深厚的情感。

何康很平易近人，工作之余，他会和身边人闲聊家常。当时在广州办事处工作的黎佑龙同志在一次接待何康时，听何康说，出差到广州，他更喜欢自己走一走看一看，那样更能深入调研，发现问题。聊到中华农业科教基金会何康农业教育科研基金，何康说，他太了解做农业的苦、累、不容易，他希望能为热作事业、为国家的农业人才培养贡献力量。何康还向黎佑龙讲起了他年少时与两个哥哥秘密成立党小组，开展地下工作，几经曲折传递一份军事布防图的故事。

何康退休后有时会到广州小住，一有空他就会去爬白云山。沿途看到各种热带亚热带植物，他能清楚地说出植物的名字和科属分类，如数家珍。他对热带植物、热带农业充满了热爱和感情。何康还喜欢老广的历史、文化、建筑和小吃。一次，何康晚上十一点钟到广州，黎佑龙去接机，问他想吃什么，何康说，就想吃碗沙河粉！在广州办事处附近一家老字号，赶着打烊前的末班车，他们吃了一餐沙河粉。闲谈中老板娘得知老先生是何康，开心地把店里各种口味的沙河粉都免费给老先生上了一遍，老板娘还高兴地说，早就听过您的事迹，我们家沙河粉您吃着好，常来！何康喜欢热带植物、喜欢老广味道，或许根本上是源于他对热带农业、对他为之奋斗的事业的那份热爱。

一枝一叶总关情

联昌试验站——梦想起飞的地方

1951年8月31日，中央人民政府政务院第100次政务会议，做出了"关于扩大培植橡胶树的决定"。1952年，在海南儋县的联昌胶园组建了第一个橡胶选育种研究单位——那大橡胶育种站（后更名为联昌试验站）。1958迁所海南时，在时任所长何康的带领下，200多名职工从广州搬迁到联昌试验站。

联昌试验站建立在联昌胶园的中心，这里是海南生态环境最好的胶园，依山傍水，典型的热带季风林环境。当时选址这里，主要是考虑台风影响的频率小，风害较轻，周边有多个以种植为主的国营农场，对开展科研教学有利。但研究所初迁至联昌试验站时，各项工作均处于筹建中，需要克服的困难很多。首当其冲的就是住房，试验站原本房子不多，一下子来了那么多人，房子不够住，很多职工只好住在试验站周边橡胶树林间临时搭建的茅草房内。何康也是住在一间茅草房内。

联昌试验站周边都是老胶园，科研需要大片的试验地，何康一直思考如何解决这个问题。有一天，他站在马佬山上环顾四周，发现西庆农场有一大片新开的胶园，于是他立马骑着自行车奔赴三队开展调研，找到时任的三队队长金灼修，想察看三队橡胶树种植情况。由于金队长不知何康是院长，出于保密，便拒绝了他的请求。何康并没有为难金灼修，而是继续骑车到西庆农场和海南农垦局办理该片胶园土地划拨给研究所的相关手续。后来，金灼修队长带他参观了三队的橡胶林段，由于工作得太晚，两个人当晚便同睡在金队长家，讨论着橡胶的科研、生产直到深夜才入睡。随后不久，何康听取了多方意见后，要求金灼修队长一年内补齐胶园里所有的缺株，并用大田芽接的方式，布置千亩以上的无性系初级试比区和百亩以上的肥料试验，告别了在广州时的那种盆栽试验方式，实现了多年以来的大田试验梦想。何康雷厉风行、紧抓落实的工作作风，让所有人为之敬佩。

原四队队长夏国昌至今仍清楚地记得，1960年初，他和很多即将退伍的老兵从南京部队来到边陲海岛的联昌试验站时，思想上有很大波动，是坚持下去还是打道回府，大家心里都在纠结。这个时候，何康来到他们中间说："你们是带着三大任务来的，是服从祖国需要来建设海南、开发海南、保卫海南的。祖国需要你们来发展橡胶事业。希望你们能安心地工作，认真地学习，克服各种困难，将来你们也会大有作为的。目前应熟练地掌握'四会'：会割胶、会芽接、会授粉、会品系鉴定，这样一来，你们也可以成为这方面的能手、专家。"何康老院长语重心长的的一席话，大大增强了夏国昌等人留在海南、扎根宝岛的信心。

万亩橡胶林——战天斗地的岁月

根据上级提出的"一粒种子，一两黄金"口号，1960年9月，何康号召全体教职员工艰苦奋斗、自力更生，一起来完成采种任务。各队的职工群众纷纷响应号召，家家户户、男男女女全部出动，将胶园的杂草清理干净，以便于发现种子，每人每天要完成采集20千克橡胶种子的任务。经过一段时间的努力，累计完成了采集6万千克橡胶种子的任务。

为了加速对从国外引进100多个优良橡胶品系的繁殖，何康带领科技人员和工人们，在联昌大河苗圃进行了一次数万株的大规模芽接。他和所有工作人员一样，午饭在工地吃，中午不休息，一直工作到夜幕降临才收工。大家仅仅用了半个月的时间，就在紧张而愉快的气氛中完成了芽接任务。"劳动时的欢声笑语仿佛还在耳边回荡，何康老院长深入实际、和群众打成一片的作风，时刻鼓励和鞭策着我们，引导我们为发展祖国的橡胶事业奋斗至今。"回忆起当时的情景，夏国昌老人激动地说。

为了开拓更多土地种植橡胶，在何康的带领下，科技人员和试验场职工群众们挥起砍刀、锄头向荒山宣战，向原始森林进军。大家不喊苦、不怕累，渐渐地，一棵棵参天大树倒在脚下，猴子岭、马龙山、走兵岭、大石山露出了黄色或褐色的土地，大家围绕着大山修筑起了一层层的环山梯田，种上了优良高产的橡胶苗，成为日后的支柱产业。

正是在何康的带领下，新中国第一代橡胶科技工作者肩负起为国家研究和发展天然橡胶的神圣使命，创造了在北纬18°～24°大面积种植橡胶树的奇迹，为祖国的天然橡胶科教事业谱写了一部艰苦创业的壮丽诗篇。

试验场职工——难以忘怀的情结

他从来不摆官架子，和蔼可亲，平易近人，总是以普通劳动者的身份与大家同吃、同住、同劳动，他的心里永远挂念着职工群众们。这是很多试验场老职工对何康的共同印象。

何康关心下属的事例是不胜枚举的。据金灼修回忆，何康在各个生产队食堂吃饭时，都与职工们一起排队打饭。有一次，队里有一名技术人员发烧生病了，何康特地交待厨房为这名生病的技术人员增加餐食营养，临走时，他还叮嘱队领导要照顾好技术人员。每次下队，何康除了深入了解橡胶生产情况外，提到次数最多的就是改善职工群众的生活条件。

1959年，原试验场场长杜发兴带着妻女搭乘解放牌大卡车前往海口，一家四口站在卡车的挂车上。当何康老院长正准备进入驾驶室就座时，猛然抬头看见了他们一家人，他迅速收回脚，跳下车，把杜发兴的妻子和女儿送到了驾驶室内。然后站在卡车的挂车上，和杜发兴一路谈着工作，聊着家常，颠簸着到了海口。"何院长让座"这件事让杜发兴一直铭记于心，还常常告诫儿女们，要以何院长为榜样，好学、乐观、向上、清廉、谦逊，做一个正大正派、正直正气的人。

1964年，院里修建了一批高级住宅。当时不论从哪个角度衡量，何康老院长都可以并且应该首先入住新居，但他却一直坚持让老专

何康看望中国热带农业科学院干部职工

家、老教授先住进去。从1958年迁所建院来到海南直至调离，何康老院长一家都住在普通干部居住的平房里。这种"先天下之忧而忧，后天下之乐而乐"的高尚情操，被热作两院人铭记在心——这是何康老院长留给宝岛新村的一份珍贵的精神财富。

2004年，何康回到中国热带农业科学院，他先后前往试验场一队联昌试验站旧址、三队、四队及五队看望干部职工。一路上，何康深入了解热带农业科学院各个所、站、场的最新发展状况，亲切询问曾经一起为橡胶事业共同打拼的老职工的身体情况，叮嘱他们要保重身体，分享改革开放成果，同时继续发扬"无私奉献，艰苦奋斗，团结协作，勇于创新"的中国热带农业科学院精神，支持热带农业科技事业发展。

在试验场一队联昌试验站旧址，何康老院长在炮楼前驻足许久。他回首过往，思绪万千，在迁所建院初期，他与当地职工一起在此工作、生活，为了祖国的橡胶事业奉献青春和热血，与海南结下不解之缘，这段经历是他毕生的骄傲与自豪。他强调，一定要好好保护联昌试验站旧址，将其打造成为青年干部职工和学生投身热作事业、传承中国热带农业科学院精神的教育基地。

在四队观看割胶技能比赛时，何康提出，橡胶生产要按照技术规程进行，既要增产，也要保证质量；要持续加强胶工技术培训，并且转变观念，进行割胶技术的改革创新；要做好胶园管理，达到高产优质，还要大力发展胶园林下经济，提高职工收入水平。

何康作为中国热作人的杰出代表，真正做到了为国家使命而战，舍小家为大家，扎根宝岛，艰苦创业，把青春年华和毕生精力都献给了他所热爱和追求的热作科教事业。他的故事永远传颂在宝岛新村这片热土上，他的精神永远照耀着热带农业科学院人砥砺奋进的步伐。

何康观看割胶技能比赛

何康——我国晚熟芒果产业领航人

　　一位时刻牵挂我国农业发展的老人，引领我国芒果产业扬帆北航，在西部"钢铁之城"攀枝花，打造世界海拔最高、纬度最北的晚熟优质芒果产业带，规模超100万亩，凡是种了芒果的，都实现了脱贫致富……

1990年在攀西米易考察玉米连作稻"吨粮田"建设

盛夏时节，驱车于攀枝花市和凉山彝族自治州地区，高低起伏的地势上生长着各类生机盎然的作物。

这里，是四川亚热带水果生产基地之一，盛产许许多多热带、亚热带特色水果。

这里，有着全国最大的晚熟芒果种植基地，拥有世界上海拔最高、纬度最北、成熟最晚、品质最优的芒果优势产业带。

而这座城市一年四季瓜果飘香的背后离不开一位奠基人——何康。

原全国人大常委会委员、中国科协副主席、农业部部长何康作为我国热带作物产业发展的奠基人，曾多次亲临或组织安排专家到攀西地区进行考察，为攀西农业奔走呼吁，不断推进当地农业发展。

缘起：调查把脉　鼓励发展立体农业

1979年7月，在何康的建议下，全国农业资源调查和农业区划会议召开，会后成立了全国农业资源调查和农业区划委员会，何康任副主任。

"我们摸清了全国究竟有多少耕地……特别是一个地方的小气候的变化……"多方奔走，多年累积，何康带头展开的调查凝成了厚重的《中国农业资源调查报告》，奠定了全国农业科学发展的重要基础。

在调研中，何康敏锐地发现攀西地区光照充足、热能丰富、昼夜温差大的天然优势气候被严重低估，他指出："攀西地区得天独厚的农业资源长期被人们所忽略，未能给予正确的评价和应有的重视。"

从此，攀西地区的农业发展成了何康心中的牵挂。

1986年12月，时任农牧渔业部部长的何康首次抵攀视察，着重察看了攀枝花市米易县立体农业。他在《关于发展立体农业》报告中指出："在整个中国，平原少，山区多，不同气候带的山区都有不同的立体气候，不同的生物资源，不同的立体农业模式，山区与河谷温差很大，我们就利用这个温差，利用不同的气候资源，满足我们农业生产需要。"

他还提出，向攀西地区引入"热作两院"强大的科技人才力量，支持攀西地区立体农业发展。同时，这也为后续打造"攀枝花模式"埋下了种子。

为解决农业综合开发水利问题，1987年，何康考察了渡口市（现攀枝花市）、米易县、凉山州。1990年4月，考察了攀西大桥水库，沿安宁河流米易等县，动员组织力量支持该地区水利建设。当年9月，何康在四川省攀西地区农业综合开发规划审议会上说："我沿安宁河看了200公里，两岸冲得实在厉害，每年冲掉几万亩良田，水库修好后，每年可造几万亩，一进一出十几万亩。"

缘深：引航指向　规划打造芒果基地

1995年4月，何康考察四川攀枝花市、米易县、仁和区。此行何康首次提出了"发展10万亩优质高档芒果基地，上规模、上档次。"并提出由"热作两院"专家到攀枝花市考察规划，制定方案。

1996年6月1日，何康在听取专家组考察攀西情况汇报后强调，攀西一定要借鉴专家的经验和技术，引进全国、全世界最好的品种到攀西，"真正把攀西建成一流的芒果基地。"

一个多月后，四川省委副书记杨崇汇召集省级有关部门，听取专家组考察攀西的情况汇报。何康专程从北京赶来参加会议。

1996年在攀枝花提出发展芒果产业的建议

会后，何康、卢良恕、洪绂曾、黄宗道等多位专家联名向国家计委提出《在攀西地区建设10万亩一流的优质芒果生产基地的建议》，建议得到了中央和攀枝花市委、市政府的大力支持。

1997年3月，中国热带农业科学院与攀枝花市签订了院市合作协议，拉开了双方全面开展合作的序幕。一批又一批的专家到攀枝花担任科技副区（县）长，常年在该地区开展科技服务工作。

7月，何康在攀西地区南亚热带果品规划评审会上明确指出："攀西地区把芒果为主的热带、亚热带水果发展上去，可以形成一个大的新兴产业。"

9月，攀枝花市政府委派农牧局从"热作两院"引进第一批吕宋、白玉、台农1号、金百花、爱文、凯特、肯特、海顿、吉禄等国际优良芒果品种。

10月，中国农学会组成以何康为评审主任，卢良恕、黄宗道、余让水等为副主任的专家评审委员会，评审通过了《四川攀西地区优质南亚热带果品发展规划》。

11月，何康、洪绂曾、卢良恕、黄宗道、沈国舫、关君蔚、余让水、刘志澄8位专家联名正式向国家有关部门提出《关于在四川攀西内陆干热河谷建设52万亩优质南亚热带果品商品生产基地的建议》，这个建议明确了攀枝花芒果产业发展方向。

缘聚：凝心聚力 做大做强特色农业

在何康的关心下，攀西地区芒果因地制宜，坚持走出一条专业化、科技化发展道路，从新品种、树体综合管理技术、病虫害防控技术、养分综合管理技术、技术推广模式等方面突破了当地传统种植产能低下的一系列问题。

针对芒果品种结构不合理、品质不尽人意、"大小年"结果现象等一系列问题，在院市合作协议框架下，2007年，以中国热带农业科学院南亚所为主组建的芒果科技入户专家组，选用晚熟优良品种红芒6号和凯特为主导品种，以芒果安全高效生产综合技术为主推技术，采取"科研院所＋地方政府部门＋公司（合作社）＋基地＋示范户"和"科研院所＋地方政府＋农民田间学校＋农民技术员＋农户"等农技推广新模式，在当地实施芒果科技入户工作。

1998年出席攀西函授站挂牌仪式

2008年8月25日至26日，何康考察攀枝花，欣喜地看到攀枝花特色农业在发展模式、理念等方面取得了可喜成绩，特色农业在带动农民增收等方面成效显著，农产品数量、质量、知名度不断提升，尤其晚熟芒果等优质水果已处于国内一流水平。何康表示，希望攀枝花进一步发挥优势，做大做强特色农业。

缘续：辐射推广 "攀枝花模式"造福万千民众

在何康多年的大力支持下，数十年来，一批批科技人员下地帮扶，用一棵棵晚熟芒果品种的引进，一项项种植管理技术的实践，书写攀枝花芒果产业蓬勃发展的甜蜜事业。

在攀西海拔1 600米以下的地区，凡是种了芒果的乡村基本都实现了脱贫致富。芒果种植成为当地农民收入的重要来源，芒果产业成为攀枝花市农业的主导和支撑产业，"攀枝花模式"也逐步被学习推广。

时至今日，攀枝花芒果种植面积从零零星星不到1万亩发展到100多万亩，建成了以芒果为代表的特色现代农业生产基地，为攀枝花农业和农村经济发展做出了突出贡献，芒果产业年产值约40亿元。

如今的攀枝花仍活跃着众多科技人员，他们谨记何康的殷殷嘱托，苦干实干，用汗水浇灌沃土，加快乡村振兴的步伐，丈量攀枝花每一寸土地，不断用芒果产业的提质增效，酝酿甜蜜芬芳果实，造福广大人民群众。

出席经验交流会

1998年，考察攀枝花从"热作两院"引进的24个芒果品种生长情况

热烈祝贺华南热带作物科学研究院和华南热带作物学院扎根宝岛，艰苦创业卅年，坚持科研、教学、生产三结合，硕果累累，人才济济，为我国热带作物的科技、教育事业奠定了坚实的基础，在国际上也获得了声誉。衷心希望两院继续发扬"儋州立业，宝岛生根，艰苦奋斗，振兴中华"的精神，在新的历史时期，不断深化改革，扎实工作，为我国热带农业的发展和海南省的繁荣腾飞作出更大的贡献！

何康
一九八三年五月

何康为华南热带作物科学研究院和华南热带作物学院题词

在联合国粮农组织大会发言

1993年何康获得世界粮食奖发
言及合影

1985年调研"热作两院"测试中心

视察大学电教室

1996年何康老校长回院视察工作

2011年，何康在海南儋州"热作两院"门前留影

离休后为攀枝花引进推广芒果种植

橡胶事业是他永久的关怀

"热作两院"新旧领导合影

何康获得荣誉的文件及证件照片

1985年2月，何康回到"热作两院"调研（中间右二）

1990年9月11日，何康与"热作两院"院领导及科教人员合影（前排右八）

1992年12月何康（左三）与"热作两院"老专家合影

1999年2月，何康题词"热作加工，大有可为"

何华玄："再相逢，我们深情地拥抱"

我叫何华玄，我的父亲何敬真是位森林学家，也是当时"热作两院"热作所的第一任所长，我是名副其实的"院二代"。1954年，父亲从老家四川调到广东，又积极响应党中央"建立自己的天然橡胶生产基地"的号召，很快带着我们全家来到海南。

1958年，我上小学二年级时，第一次见到了何康院长。

那是一天晚上，他来我家与父亲长谈，我第一次那么近距离端详何康院长，看着他，心里一直在想：原来这就是何康院长。那一晚，何康院长和父亲彻夜长谈。很多年后我听父亲偶然提起才知道，当时他们在谈筹建热带植物园的事情，从那时开始就要大力发展热带经济作物。

1959年的宝岛新村，生活很艰苦，很多教授自己挑水，自己拾柴，粮食不够吃，肉也很少。我与何家的孩子们从小一起长大，他们从小都与院里的孩子们一同干活儿，从没有过一点娇气。

我永远记得一个画面，1960年2月，周恩来总理来到海南儋州"热作两院"视察，全院的人都赶去拍合影。何康院长谈笑风生地陪同总理从我身边走过，那一瞬间，他在我们这些孩子们心目中形象无比伟岸。

1979年，父亲出差为院里挑选椰子种植场地时出车祸受伤，落下终身疾病。后来，父亲为治病经常去北京，为了省钱，就在招待所的楼道里熬药。何康院长当时已回京任职，在听到这一消息后，他专门到招待所看望父亲。1984年，他想办法帮助父亲解决了就医难题，使父亲的病得到了及时治疗。后来，父亲103岁时离开了我们，我们全家都感念何康院长的帮助。在那个年代，他为帮助我们，想必一定顶着很大的压力。

2007年，何康院长回到海南儋州，前往牧草基地参观，那年我59岁，马上要退休了。他看着我长大，我和他的孩子们是发小，那次相见，我们忍不住深情地拥抱。他依旧记得我们兄弟的名字，记得当年在一个大院里的生活趣事。

我家与何家是父一辈、子一辈的情义，我对何康院长是晚辈对长辈的仰望。同样，在今天的热科人心中，他就是永远的领路人。

（何华玄：中国热带农业科学院品种资源研究所高级农艺师）

缪蕾："我印象中的大姑父何康"

　　我叫缪蕾，退休前在中国热带农业科学院加工所图书馆任馆员。何康是我父亲的姐夫，也就是我的大姑父。在大姑父何康的影响下，1955年，我父亲缪希法从北京农业大学毕业后，选择分配到位于广州石牌南秀新村的华南热带作物研究所（中国热带农业科学院前身）工作，之后又带领全家随着研究所一同来到了海南儋县宝岛新村。从广州到海南，父亲在大姑父何康的影响、鼓励和帮助下，和全所职工一起，克服艰苦的生活和工作条件，为发展祖国的天然橡胶事业奋斗了一辈子，特别是在橡胶木材的综合利用上做出了很大的贡献。

　　我大姑父是单位的大领导，平时工作非常繁忙，但他从不会因为工作繁忙而忽略关心身边的亲人、朋友和同事。记得1969年10月，我5岁的时候，我们一家和一批干部一同来到海南白沙金波农场猛进队进行劳动。虽然是在生活条件极其艰苦的大山里，但每年寒暑假，我和姐姐缪晓霞都会得到大姑父一家的关爱和照顾，让我们到大姑父在"热作两院"的家里玩耍和休息。大姑妈温柔细心，大姑父风趣幽默，那是我们最快乐的时光。有一回，我和武汉来的表姐在家剥花生，大姑父下班回来看到我们，就风趣地用武汉话问我们："你们做莫斯（做什么）？"一下子就把我们逗乐了。

1970年，何康夫妇与缪希法、缪蕾在"两院"主楼前合影

1973年3月，大姑父一家已搬到海口，而我和姐姐还是一如既往地在寒、暑假往大姑父家跑，一直呆到开学。因为姑妈姑父一直把我们当作自己的孩子，对我们非常关心和照顾，所以我们都非常喜欢在大姑父家度过的日子。

1970年何康夫妇与缪蕾等在"两院"合影

　　1980年9月，我父亲在成都出差途中，因工作劳累中风瘫痪，大姑父和大姑妈知道后，立即派他们的小儿子何巍哥哥把我父亲接到北京就医。其间，大姑父和大姑妈访遍京城的名医，不断打听有什么新疗法。通过两个月的治疗，虽然我父亲还是没能恢复正常行走和正常说话的能力，但从卧床不起到下地走路，这与大姑父和大姑妈无微不至的关心和照顾有着密切的关系！

　　父亲病后几十年，大姑妈和大姑父一直关心着我们家。时常写信问候情况，有什么好吃好用又方便长途携带的物品，一旦有到北京看望他们的"两院"人，他们都会托人把物品带到湛江转交给我们。每回大姑父来湛江出差，也一定会来看望我父亲和母亲。我父亲去世以后，大姑父依然牵挂远在湛江的我们家。2010年元旦，时年88岁高龄的大姑父再次到湛江，还是照例来到家里看望我母亲，还像以前一样关心惦记着我们。

20世纪80年代，何康夫妇与缪蕾、缪晓霞在"两院"招待所合影

前些年，大姑父因为年纪大身体状况不佳，大部分时间都是在医院度过，可他依然牵挂着我们家！我平时很喜欢骑行，又因姓"缪"，因此我给自己起了网名"骑妙无穷"。大姑父得知我对骑行的热爱，病中还专门为我题词鼓励，让我深受感动。

大姑父何康还是一位非常正直廉洁的领导干部。1978年，大姑父一家因工作需要调回了北京工作。1988年5月，我出差到北京图书馆参观学习，大姑父和大姑妈知道后把我接到家里吃住，有天傍晚，我与大姑妈在门口接大姑父下班，这时司机从车上拿了两条带鱼给大姑妈，大姑父看到后第一反应就是问这鱼是哪来的？给钱没有？司机一下被问住了，支吾着说给过了，然后匆匆开车离去。大姑父回到家就交代大姑妈第二天一定要把钱给司机。当时我心想不就是两条带鱼嘛，有必要这么认真吗？不过通过这么一件小事，还是让我深受教育、终身难忘！

大姑父何康虽然已经离开了我们，但他亲切的音容笑貌、为人称道的处事风格，时时在我脑海里浮现，久久不能忘怀！

（缪蕾：中国热带农业科学院农产品加工研究所图书馆馆员）

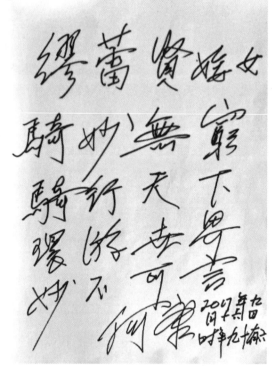

何康晚年为缪蕾题词

罗大敏："为了祖国天然橡胶事业，我们千里跋涉"

1960年7月，何康院长带领全院10多名科技人员赴云南、广西等地，考察天然橡胶种植情况，我参与了这次考察活动。

当时交通条件不好，又正是台风过后，我们一大清早乘汽车从海南儋州的院部出发，到海口已经下午1点，随即乘船过海，到达广东湛江的海安港已是晚上8点。从码头到湛江市区还有三四个小时的车程，直到深夜我们才抵达。第二天，又乘火车到贵阳，在崎岖的大山公路上缓慢地走了3天才到昆明。

云南农垦局的同志陪同我们到植胶垦区考察。路上要经过海拔几千米高的大山密林，弯弯曲曲的公路非常危险，经常见到一些由于交通事故翻下山底而无法拉上来的车辆。为了安全，我们的车开得很慢，赶不上回城，在大山里住小旅店休息。晚上，大家盖的被褥很脏，有的还爬着虱子。条件虽然艰苦，但为了天然橡胶科技事业，大家都毫无怨言。

在西双版纳，经常遇到阴雨天气。为了得到第一手材料，何康院长和黄宗道、刘松泉、许成文、温健等几位专家，乘小木船前往橄榄坝植胶场考察。回西双版纳时正赶上下大雨，无法乘船。时间

1985年春节回院调研

紧张，他们毅然决定冒雨步行穿过大山密林，傍晚到达河边。河水湍急，船工不敢开船，专家们又说情恳求船工开船。渡河之后，大家光着脚丫走过用电线和竹片搭成的几十米长的小桥，再跨过一条小河沟，直到第二天凌晨，才回到西双版纳。此时，我们已被山蚂蟥咬得满身是血，衣服也都被划破了。

为了发展祖国天然橡胶事业，以何康老院长为首的第一代热科人就是这样，始终不辞辛苦地奔波在科研第一线。

（罗大敏：中国热带农业科学院橡胶研究所原党总支副书记）

张仲伟："他陪国家领导参观时，远远地喊我的名字"

我今年82岁，是一名副研究员，一辈子在院里从事种质资源工作。

1965年夏天，我从北京农业大学（现中国农业大学）毕业，所学的专业是遗传育种。当时，我被分配至中国农业科学院北京遗传所工作，档案已被提走，人还没报到。

就在这个当口，何康院长把我和另一位同学"挖"到了海南。

报到后，何康院长专门与十几名大学生进行座谈。他坐在我们身边，一一询问大家的学习与家庭情况：

"哪个学校毕业的？专业课学了些什么？"大家一五一十回答，何康院长认真地听。

轮到我时，他详细问了我大学四年的学习内容，然后对我说：

"要你们来，就是想开办遗传细胞学科。"

我说：

"我们学的也不多。"

他说：

"你们总之是学了，好好努力，把学科支撑起来。学科一开办起来，就会把你们调到学院来。"

那个年代的大学生坚定地听从党的召唤，党让去哪里就去哪里，从没计较过个人得失。我与同学们从未因离开首都到海南最基层的一个村庄里工作而犹豫过、退缩过。当年，我的大学同学们很多都前往边疆工作，我的老师还带了我的四位同学，一起到西藏组建农科院。

报到之后，我安心在院里开始搞育种工作，等待着学科筹建的通知。然而，由于历史原因，学科没有筹建起来，我依然一直从事育种工作。

第二次与何康院长见面已是多年后了。有一次，他陪国家领导在植物园参观时，远远地看到了我，他冲我招手，

"张仲伟，你过来。"

我走上前，他向参观植物园的领导介绍道：

"这是我们的张主管，植物园种质资源保存工作由他负责。"我简单介绍了当时的资源情况，然后就离开了。

我只是一名普通的科研人员，与忙碌的何康院长多年不见，没想到他能把我的名字记这么牢。

第三次与他见面，是他已调离热作两院后的事。1985年的一天，他返回海南时，时任院长黄宗道正陪同他在院里参观，那是下午5点多，我在院里碰到了他。何康院长依旧记得我的名字，与我交谈时问得最多的还是种质资源。

"院里的种质资源还有多少？有没有损失？"

我一一回答，他叮嘱我，"千万要保存好，以后会
特别重要。"

我回答道：

"只要我在这里，就一定会管好。"

何康院长听我这么说，拉住我的手，在马路牙子上坐了下来，
缓缓地说道：

"当时从北京把你调来，学科也没建起来，我
很内疚，很多事情无能为力了。"

我马上劝解他：

"都是历史原因，不是你的责任。"

这是我与何康院长的三次交往。我非常敬重他，他平易近人，
没有官架子，事业心很强。

我从1972年开始搞植物园工作，一直干到1993年。这座植物园
能保留下来，也是这位老院长的功劳，他是当之无愧的我国热带作
物学科奠基人。

（张仲伟：中国热带农业科学院品种资源研究所副研究员）

马锦英、邓穗生："何康全家都不搞特殊化"

我叫马锦英，今年79岁，是高级技工，一直从事木薯杂交、育种工作。

何康院长严于律己，在困难时期，同大家一样过着艰苦的生活，每月定额19斤*月供大米，吃"无缝钢管"（空心菜），喝木薯汤。他曾说过："木薯是宝岛新村的救命粮。"他还曾带领大家大面积种植木薯，让大家有东西填肚子。

直到调回北京工作，何康院长全家一直住在院部两居室的平房中，从没住过楼房。后勤部门也曾请他搬到楼房中，他都拒绝了，把数量不多的好房子让给年纪大的科教人员。

那时候信息闭塞，何康院长每次外出归来，都会开大会做报告。"热作两院"人特别喜欢听他做报告，大人孩子都爱听。他给我们讲国内国际形势，数字总是记得特别清楚。他通常要讲两个小时，他讲多久会场里就安静多久，大家全都鸦雀无声地听着。

在他的带领下，"热作两院"人争先恐后地努力工作。拿木薯来说，那时候每年都有新品种拿大奖、拿国家奖。我退休后还工作了

---

* 斤为非法定计量单位，1斤=0.5千克。——编者注。

建院初期，在草房里上课

很多年，我们搞出的大木薯，直径能达到20～30厘米，有一年参加全国比赛还夺得了第一名。

我叫邓穗生，今年68岁，是"院二代"，一直在实验室做分析工作。

迁所建院，何康院长把家搬到宝岛新村。困难时期，在我们小孩子眼中，每天看着大人挖野菜、种地瓜、种水稻，海南作物生长周期短，很多东西种下三个月后就有收获。后来，院里还养牛、养猪。生活很艰苦，但总在不停地好起来，那时候的日子过得有奔头。

我与何康院长的小儿子打小就是同班同学，天天一起上学下学。他们的生活与我们是一样的，一点也不特殊。我的这位同学甚至看到没同学带水、带早餐上学，他也坚决不带，就怕和大家不一样。

后来，我们一起在生产队锻炼，他跟我们同吃同住同劳动，跟何康院长一样，处处以身作则。

我从小就生活在"热作两院"大院里，那里丰富的文化生活滋养着我的童年。

宝岛新村离儋县那大镇还有十多公里，缺乏文化娱乐活动，何康院长对这项工作特别重视。"热作两院"有自己的放映机，能自己放电影，给职工和学生放，也给试验场和周边农村的老百姓放。

后来，院里成立了乐队，每到周末有舞会与轻音乐会。每逢节假日，院里都要组织文艺晚会，大学生、中小学生、幼儿园的孩子们、机关科研人员都会上场。这样的文化熏陶，在当时海南很多市县都没有开展，那些片段现在回想起来，是如此幸福，至今留在脑海中，无法忘怀。

（马锦英：中国热带农业科学院品种资源研究所高级技工，
邓穗生：中国热带农业科学院品种资源研究所实验师）

张籍香：“何康院长的一句话，激励我一辈子”

　　张籍香是中国热带农业科学院香料饮料研究所的研究员。在张籍香的印象中，自1955年参加工作到1958年，由于工作原因，每年有10个月必须在海南出差，而赶上春节等节假日，实验就会间断。她还记得，当时何康院长就认为工作单位应该南迁，回到海南这个热带作物研究的主战场。

　　1958年3月，在经过何康院长前期的调查、选址之后，就在海南兴隆的香料饮料研究所现址之上建立了兴隆实验站，主要进行咖啡、胡椒研究。

　　当时何康院长的工作地点在海南儋县。张籍香清晰地记得，在1959—1960年间研究咖啡课题时，针对具体怎样做，多少人负责，研究地点，研究目标、年底预计达成的目标等问题，何康院长全都会召集课题组研究人员一个一个具体布置工作。她说：

> “很少有领导这样做工作，亲自和教职工、学
> 生们一起参加劳动，还做得非常好，让人敬佩，
> 这使我在那个时候成长很快。”

　　20世纪60年代，何康在院里组织开办了各种培训班，其中就有

英语培训，张籍香回忆时说：

> "何康院长考虑到，热带作物有很多是英文，而当时很多同志英文水平不足。"此外还有生物统计培训班，提升研究和计算方面的能力。

在儋县工作的时候，由于单位条件艰苦，夜晚经常会停电。有一次张籍香正在与何康聊天，赶上了停电，张籍香刚想趁着没电出去玩，就听到何康说：

> "你要利用晚上的时间来看书学习，才有办法提高自己。"这句话让年轻的张籍香受到了很大震动。直到退休后，张籍香仍然经常看书、看报纸，自学很多知识，何康院长的一句话激励了她一辈子。

（张籍香：中国热带农业科学院香料饮料研究所研究员）

张籍香研究员看望何康夫妇

张开明："他胸怀大局，倾尽全力支持全国橡胶植保事业"

还记得何康院长经常说，全国垦区是亲兄弟，全国热作种植区是一家人。他不仅这样说，也是这样做的。

1964年，"热作两院"派许成文、刘松泉和我去云南西双版纳景洪农场筹办橡胶丰产样板田。在云南昆明遇到农垦部热作局陆平东局长，陆局长说，云南橡胶根病问题严重，"热作两院"要派人来云南协助防治。何康院长得知后对我说：

> "你是搞植保的，你懂这个，你一定要帮他们
> 解决好这个问题。有任何困难你跟我讲，缺人我
> 给派，缺钱我给找，你尽管放开手脚大胆地干，
> 我只要你把那里的难题解决好。"

1965年2月，我和陈晓、关毓初两位植保员一起去云南。到火车站接我们的是红河公社的两位技术干部，一位是"热作两院"支援云南的干部彭定楚，另一位是原林业部特林司派到云南的干部弁道庸。经介绍，得知当时河口几个农场的橡胶根病都很严重，云南省农垦局为加强橡胶植保工作，将云南农学院热作系1964年毕业的一个班的学生全部转来搞植保。于是我们就一起商量，能否先办班再办

何康看望中国热带农业科学院环植所退休老专家

点，逐步推动河口的根病防治，但是需要人力、物力和财力支持。

我将这里的情况一一向何康院长汇报，何康院长表示坚决支持。有了何康院长的支持，我消除了所有顾虑。每当想到我冲在一线时，他在后方给我找"弹药"、提供"粮草"，提供强大的支持，我立刻干劲十足。通过培训班和试点工作，毕业生和农场的同志反响都很好，表示已掌握了根病调查和处理技术。在试点结束后又分别到蚂蟥堡其他生产队，以及洞坪、南溪、坝洒、曼莪、槟榔寨等农场开展根病普查，共调查464 271株，查出根病树7 748株，都进行了技术处理。

这次历时3个月的根病试点工作，不仅推动了河口各场的橡胶根病防治工作，而且为云南培训了一批植保骨干。在那批毕业生中，不少人后来都成了专家。正是"热作两院"专家们的言传身教和敬业精神激励了一大批人献身热带林业的植保科研教育事业。

长期以来，在我国橡胶热带作物病害防治中存在着"缺医少药"的问题，直接影响到生产的发展。1975年，我把这种情况向何康同志做了汇报，立刻引起了他的高度重视，还让我带着他的亲笔信去北京找化工部汇报。后来，化工部设计院同意牵头发文组织推动建立农药协作网，并建议我去天津南开大学元素所和上海农药所联系，还要我回海南后尽快筹备协作网成立事宜。

在何康院长的支持下，院里开展成立农药协作网及第一次协作网会议的组织工作。热作农药协作网的第一次会议是1975年在海南儋县"热作两院"举行的，参加会议的有广东、广西、云南、福建等省（区）的化工所、沈阳化工院、天津南开元素所、上海农药所等农药研制单位，以及广东、广西、云南、福建等省（自治区）的农垦单位和"热作两院"的科技人员。会上成立了"热作农药试制协作组"和"热作农药筛选协作组"。

热作农药协作网在何康的关心、指导和大力支持下顺利建立，经过几年的努力，农药试制协作组成功地开发出百菌清、多菌灵、十三吗啉和十二吗啉、敌菌丹等橡胶热作农药，并推动了这些农药的国产化。这批国产农药在防治橡胶病害的生产上推广使用后，取得了很好的效果。

何康院长不仅在热作科研和推广工作上对"热作两院"的干部职工给予大力支持，在生活上对大家也关怀备至。他把每位职工都当成家人，用心呵护，用情温暖。

1958年，研究所从广州迁至海南儋县宝岛新村时，"热作两院"地处偏远，交通不便，条件十分艰苦。初到联昌时，生活还不错。1959年，全国经济生活出现紧张形势，我们在联昌也陷入了困境。小卖部的糖果饼干一下子都不见了，有几天甚至出现了断炊的情况。

有一天，吃了早餐，中午就没有米下锅了。于是，刘松泉动员大家拿镰刀畚箕去胶园采割一种名为"革命菜"的野菜，每人采5斤交饭堂。把革命菜洗净、切碎，倒在一口大铁锅里加清水和盐煮熟。刘松泉掌勺分锅里的革命菜，一人分一碗。又有一天，后勤发现没米下锅了，当时还是科研人员的黄宗道就带队到附近收完木薯的地里，去收集农民不要的小块木薯和没掰完的木薯根儿，回来洗净煮熟一人分一碗。当时，为了填饱肚子，很多人煮木薯嫩叶吃，还有人吃泡水去氰酸后的橡胶树种子……

何康院长出差回来后，立即主持召开"诸葛亮会"，大家一起研究解决"吃饱饭"问题。最后决定，发动大家种木薯、甘薯和瓜菜等既能当粮食吃又适合在儋县地区气候条件下种植的作物。几个月后有了收成，填饱肚子没问题了。但1959年，每人每月19斤大米，人们就只好吃木薯、甘薯，这一年没有吃到猪肉，连油都没有一滴，因此，不少人都饿得浮肿了。当时，儋县生活异常艰苦，但在何康院长的鼓舞下，大家的情绪始终高昂，没有一个人当逃兵，各项科研、教学工作还都能正常进行。

为了解决职工子女的上学问题，何康院长创办了"热作两院"

幼儿园、附属小学和附属中学，并且从各地引进优质师资力量，我爱人从武汉大学毕业后，就被引进到"热作两院"的附属中学。

刚到海南不久，出于对天然橡胶的好奇，我爱人跑到联昌试验站参观"王牌树"，那棵"王牌树"是新中国成立初期，为大规模发展我国橡胶事业，首批橡胶树育种工作者在海南那大联昌胶园挑选的第一批优良母树之一，定植于1917年，现仅存此一株，树围达310厘米，是中国早期橡胶育种科研工作的重要遗传材料。可能因为淋到了雨，回来之后，她便生病了，高烧不退，全身无力。由于当时研究院地处偏远，跟那大镇隔着雅拉河，本来到市区就交通不便，再加上到了晚上，根本没有办法到主城区及时就医，我当时很着急，可是又没有任何办法。何康院长得知后，立刻找了几个水性好的人，连夜托着我爱人过河到主城区就医，还好及时到了医院，我爱人的病得到了及时救治，否则后果不堪设想。

后来，为了改变这种职工生病不能及时就医的局面，何康院长又创办了附属医院，除了常见的外科、内科等几个科室外，还设置了牙科等科室，并且从大陆引进了一些相关专业的专科医生。从此，"热作两院"便是一个"小社会"了，有学校，有医院，有市场，甚至有自己的理发店，职工的基本生活都有了保障，可以安安心心地搞事业了，我和我爱人在这里一呆就是一辈子。

由于我常年在外出差，没有时间照顾爱人，她临产前决定回武汉娘家生产。回娘家的道路曲折，需要先从院部坐车到海口，那一次她搭了何康院长的顺风车。当时条件艰苦，车主要是用来运送物资的，前面只有一个位置可以坐人，后面敞篷车厢里载了满满一车东西，我爱人就坐在上面，路很颠簸。何康院长看到后，坚持要和我爱人换位置，就这样，我爱人坐在了车里唯一可以坐人的位置上，何康院长就坐在后面的敞篷车里颠簸了一路，吹了一路的风。

何康院长就是这样时时处处不放过每一件小事，不放过每一个细节，去关心职工、爱护职工，支持职工安心工作，带领"热作两院"干部职工团结一心、艰苦奋斗，为推动我国天然橡胶、热带农业不断发展壮大，取得了伟大的成就。

（张开明：中国热带农业科学院环境与植物保护研究所原所长）

谭家深："他带领大家艰苦奋斗，创造条件保障科研教学"

　　何康老院长在"热作两院"工作的20年，正是中国共产党带领中国人民进行社会主义革命与建设的关键时期。当时，为了响应国家对重要战略物资天然橡胶的迫切需求，何康放弃了中央国家机关司长职位，率领老一辈"热作两院"的科学家和干部职工们扎根穷乡僻壤，草房上马、开荒种树、艰苦奋斗，创造出了世界天然橡胶栽培史上的奇迹。在"热作两院"人心中，他就像太阳一样，照亮了"热作两院"为国家使命而战的道路，温暖着干部职工的心。

与中国热带农业科学院环植所老专家亲切交流

他是广大科教职工的重要精神支柱和动力源泉。当时我国热作事业几乎是一片空白，一切都需要不断地学习、摸索，何康院长也经常出差，一半的时间在院里主持工作，一半的时间则是在垦区调研指导橡胶种植生产，或者前往北京、上海、广州等地开会，以及出国学习橡胶科研和生产情况。他是个闲不住的人，每次出差回来，就往科研教学生产基地、职工宿舍、职工伙房钻，看看大家的工作和生活情况都怎么样，实地研究解决难题，鼓励大家发扬艰苦奋斗的精神，努力克服眼前的困难，不断前进。当时的条件真是苦啊，大家就总盼着他回来。只要他回来，就会给大家讲讲中央的要求，讲讲国内天然橡胶生产的情况，讲讲国外天然橡胶科研和生产的趋势，讲讲他对大家工作的肯定和希望。他的讲话很有鼓舞性，对大家的激励很大。他一给大家鼓劲，大家就又有了斗志，再苦再累也都咬牙坚持下来了。

他是广大科教职工的"后勤大队长"。刚从广州搬到海南不久，职工生活非常困难，吃了好长一段时间的木薯、番薯、空心菜。为了改善职工的生产和生活条件，何康想了很多办法。他推动"热作两院"和八一农场搞共建，"热作两院"科研人员在八一农场种橡胶、种甘蔗等方面给予了技术指导和技术培训，使八一农场的橡胶和甘蔗等作物的产量和品质大大提高；八一农场则用各种方式支援给我们面粉、白糖、水泥等物资，解决了我们很多生活和科研教学基础设施建设上物资匮乏的难题。同时，何康又想办法和白马井的南海水产公司加强联系与合作，让水产公司能够经常给我们供应海鱼，大鱼小鱼一车一车的拉，家家户户都可以买到十斤八斤的，职工们的生活质量得到了大大改善。

为了让广大科教职工安心在宝岛新村工作，何康推行了科研、教学、生产三结合，除了重点抓科研和教学外，一切社会职能都自己办。他创办了幼儿园、小学、初中、高中、大学、医院、商店、邮局、书店、照相馆、理发店等"一条龙服务"，为职工解除了后顾之忧。我记得，他还特别强调："在院部，补鞋子的都要有。"充分考虑并解决了职工们在科研、生产、生活上遇到的各种困难。

何康给我们留下了"无私奉献、艰苦奋斗、团结协作、勇于创新"的中国热带农业科学院精神，这是一项宝贵的精神财富。从当年的华南热带作物科学研究院、华南热带作物学院，到后来的中国热带农业科学院、华南热带农业大学，时光荏苒，世事变迁，始终有这么一种精神，用一股强大的力量把大家凝聚在一起，在"热作两院"工作、生活过的人，感情就是不一样，这种感情是那样亲切、那样团结，有一种深厚的热农情怀，还在这里的人深爱着这里，从这里走出去的人深刻怀念着这里，因为这里的人，因为这里的魂。

（谭家深：中国热带农业科学院环境与植物保护研究所原党委书记）

郝秉中、吴继林：“他的关心让我们深受鼓舞”

　　我叫郝秉中，毕业于北京大学，1964年到海南儋县宝岛新村工作。我到"热作两院"后，被分配到热作所引种组，报到当天，就开始参加植物园的队里劳动。那时刚毕业的学生都要先经过一年多的体力劳动，然后才能正式从事科研工作。

　　有一天上午，我正在植物园的井边打水，忽然听见路上有人喊我的名字。我一看是何康院长，开大会时见过的。当时很吃惊，心想他怎么认得我？

　　我第二次见到何康院长是在院办公楼上，正准备开证明前往海南各地调研油茶。他听说我要去调研油茶后，立刻说出了油茶的拉丁文："Camellia。"从这些琐事使我感受到何康院长对科研人员的亲近。

　　后来，我的妻子吴继林从北京农业大学（现中国农业大学）调来院里，我们俩都在院里的橡胶所解剖学实验室工作。那时虽然何康院长已离开研究院，在海南农垦局当领导，但还是不时会带北京领导回院参观并看望大家，我们实验室是一个常常被参观的地点。当时实验室有一台日本产的光学显微镜，可以看到橡胶树的皮中产生橡胶的乳管。何康院长每次陪同参观，都向参观者夸奖我们一番，让我们和参观的领导、专家多联系，多申请项目。

何康院长非常支持我们的研究工作。有一次，他上午参观后叫我们把研究结果写给他，下午他在全院的职工大会上把这些研究讲给大家听，一边讲，一边赞扬，这使我们深受鼓舞。

在何康院长的鼓舞下，我们做了很多有意义的工作。其中包括橡胶树皮的结构、施用乙烯利对橡胶树皮的影响和橡胶树寒害的解剖学等。这些工作都得到了他的高度肯定。还记得，他在大楼走廊上和我们谈关于橡胶寒害的研究，交流了很久，让我整理后收录在关于橡胶树寒害的文集中。

在1965年上半年研究工作总结会议上讲话

我们和何康院长的交往越来越多，变得十分亲近。那时他回院里常常要去看望年长的科教人员，中途会经过我们的宿舍。他每次见了我们都亲切地打招呼。有一次，他远远看见我就说："你怎么那么瘦！"亲切的态度让人感动。

何康院长后来调到北京任职，我们见面的机会少了，但我们一直记着他的支持和鼓励，在研究工作上取得了一些成绩时，我们想，他知道后，也会为我们感到高兴的。

（郝秉中：中国热带农业科学院橡胶研究所研究员

吴继林：中国热带农业科学院橡胶研究所研究员）

张成铭："他是生活朴素、平易近人的老部长"

　　我是中国热带农业科学院加工所的退休职工张成铭。有幸与何康部长见面一事，发生在20世纪80年代。那次，我受到了何康部长及其家人的热情接待，亲身感受到了何康部长热情、善良和质朴的一面，使我终生难忘!

　　那一年，我受邀到北京参加中国第一届工业科技博览会。在去北京之前，单位领导还委派我另一项任务，即到北京看望何康部长。我单独一人乘上了去北京的火车，经过两天的车程到了北京，已是下午4点，来不及休息，我就赶忙带着行李先去何康部长家拜访。在去何康部长家的时候，因路线不熟，乘车又担心搭错线路，只好迈开双脚，边走边问一直步行到何康部长的住处。

　　此前，我以为部长家周围应该会有警卫人员把守，结果出乎意料，进入院子后我就向路人打听何康部长的住址，那路人随手指向一间很普通的小二楼说："那房子就是何部长家。"何康部长当时住的房子，有点像现在热带农业科学院南亚所的平房宿舍，门口有一篱笆小院。进入小院，房门没关，我就走到门口问："请问是何部长家吗?"当时只有何康部长的夫人缪希霞女士在家，她很热情地走出家门迎接、招呼我进家坐下，并询问我是哪里来的。我告诉她："我是广东湛江加工所过来的，代表院里和所里来看望何部长。"等何康部长回来的这段时间，我环顾了一下房屋四周，部长家里的布置非常朴素，没有过多的装潢，地板还是普通水泥地，除了房子面积比普通百姓住房大一点，其他没有什么特别的地方。当时他家客厅有一台很小的电视机，在与缪希霞女士的交谈中才得知，这台小电视机是何康部长接待外宾专用的，如果我们距离电视机稍远一点，就看不清楚图像了。

过了没多久，何康部长回来了，我立即从座位站起身说道："何部长，我叫张成铭，是广东湛江'两院'加工所来的工程师。"何部长马上迎上来握住我的手，亲切地说："张工，你好！"何康部长及夫人的热情好客深深地感动了我，从他对我的称呼，我就能看出他善用人。还没聊两句，门外有人喊何康部长了，何部长只好对我说："不好意思，你看，又要去忙了。"何康部长公务繁忙，我连忙和他告别，与何康部长的见面就那么匆匆结束了。

拜访归来，何康部长及夫人的为人处事让我感慨颇多：第一，何康部长生活非常朴素，从他家里的布置就能看得出来。家里唯一一台接待外宾用的电视机，还是一台很小尺寸的小电视机。第二，何康部长善用人。一句简单的"张工"让我心里热乎乎的，但凡善用人的领导，对手下人的称呼都是非常到位的。第三，何康部长作为国家部级领导没有架子。当时整个中国都没有几个部长，在我的想象中，国家部长至少身边配备有警卫员吧，在去何康部长家之前，我还在想着怎么和警卫员或秘书说明自己的身份。没想到我见何康部长这么容易，在与他接触的全过程中，亲切地就和普通百姓之间相见一样。第四，何康部长夫妇俩关系非常和谐。虽然何康部长工作非常繁忙，但家里收拾得非常整洁，这可都是何康部长夫人缪希霞女士精心操持家务的功劳，同时也彰显出家庭关系非常和睦！

（张成铭：中国热带农业科学院农产品加工研究所工程师）

林德光：“他就是那定盘的星”

1959年，全国物资供应都很紧张，而迁所建院不久，职工们每人每月仅有19斤口粮，其中一部分还是用地瓜、木薯折算配给。

何康院长这个“大家长”实在不易当。食堂就餐时卖的菜通常是没有油的，最常供应的菜叫“地瓜酱”，是用地瓜煮熟后加上盐巴搅拌制成的，每份5分钱；只有在大节日才能吃上一顿数量不多的肉，那算是一件大喜事了。

1962年10月，何康在海南尖峰岭考察

当时职工一般都住茅草房，屋顶时有蛇蝎、蜈蚣掉下来，睡觉时心情尤其紧张。1959年，一次12级台风，几乎刮倒了所有茅草房，其情其景，不堪回首。然而，在艰难困苦的环境中，全体干部职工仍然坚持正常开展科研、教学与生产，并取得巨大成就。

那么，是什么力量使广大职工在如此艰难困苦的环境下坚持搞科研、办教育，人心不散并坚定走"儋州立业、宝岛生根"之路呢？这与何康院长的高尚品德和人格感召力密不可分。

何康院长从没有官架子，他总是以普通劳动者的身份出现在群众之中，态度和蔼，平易近人，谈笑风生。每逢节假日或周末，他常和大家一起跳交谊舞，密切群众关系，倾听群众呼声，以稳定人心。他外出开会回来，经常给职工、学生作报告，宣传国内外大好形势，指明从事热带农业事业的光明前景。每次他长时间出差回到院里后，哪怕工作再忙，也要抽空登门看望老专家、老教授。他还经常下生产队挨家挨户探望老工人，问寒问暖，尽力为他们排忧解

难。在路上遇见科教人员或干部，他常主动打招呼，直呼其名，使人倍感亲切，充满温情。所有过往的故事，至今仍在热带农业科学院传为佳话。

何康是我国著名的农业专家，对热带作物学科的研究造诣尤深。他亲自组织"热作两院"专家编写《中国橡胶栽培学》与《热带作物栽培学》，以及全文翻译《马来西亚橡胶栽培手册》，并亲自参与撰写译文。这既总结了我国在热带作物领域所取得的科研成果和生产经验，也同时解决了当时学院上专业课没有教材和参考书的问题。

何院长精通英语，在各种国际会议或会见外国专家时，可直接用英语交流。他任"热作两院"领导期间，为提高干部职工们的外语水平，规定凡是科教人员，每天早上7点半至8点半都必须参加英

1990年在国际橡胶研究会会见外宾

语培训班学习，并指定了专门授课的英语教师，还制定实施了一整套严格的考核制度。持之以恒，效果良好，成绩显著。今天老一辈科教人员之所以有较强的英语能力，可以说，是得益于何康院长当年的深谋远虑。

(林德光：原华南热带农业大学经济管理学院院长、教授)

刘乃见："他是雷厉风行的实干家"

　　1958年，华南热带林业科学研究所（中国热带农业科学院前身）迁址海南后，最初选址在当时儋县那大镇的联昌试验站，那里四周多是些老胶园，科研所需的大片试验地到哪里去找呢？这是搞天然橡胶、热带作物研究必须尽快解决的基本问题。

　　有一天，何康所长站在马佬山上环顾四周，突然，眼前一亮，惊喜地发现西庆农场有一大片新开的胶园——这正是搞科研理想的试验地啊！于是，为了搞到这片地，何所长便由上而下地先跑海南农垦局，而后跑西庆农场，接下来又跑那片新胶园所属的生产队……一直跑到完成了那片胶园土地划拨给研究所的手续。然而，他并没有停下来，那段时间，他骑着单车带领橡胶科研人员去跑那片已划归的新胶园林段，让我们在实地边看边提出有关要求。然后，在认真听取科研人员意见的基础上，何康院长向金灼修队长布置了第一个任务：在一年内补齐新胶园里所有的缺株。这样，次年我们就可以在这片土地上，用大田芽接的方式，布置千亩以上的无性系初级试比区和百亩以上的肥料试验，从而告别了在广州时的盆栽试验方式，实现了我们多年的大田试验梦想。何院长办事雷厉风行抓紧落实的作风，使我们深受感动。

（刘乃见：原华南热带农业大学教授）

与中国热带农业科学院干部职工亲切交谈

王锋："那年夏天，他和我们一起做了大量芽接"

从晚春到早冬，是橡胶树生长、产胶的季节，科研人员忙着进行芽接、割胶、人工授粉、形态观察等大田实验。说到大量芽接，1964年夏天，联昌大河苗圃的芽接工作让我不能忘怀。

大河苗圃位于联昌队牙拉河西侧的斜坡上，原有80多亩实生苗木，因为苗龄过大，不适宜用作种植材料。当时橡胶垦区正在推广种植国外优良无性系，而已引进的大量国外无性系急需繁殖芽条分发各地进行适应性试验。当时，院部附近的9队已经成为第一个芽条繁殖基地，育种组决定将大河苗圃建成第二个芽条繁殖基地，将老苗木锯干，待长出新的芽条，然后通过绿色芽片芽接法，接上拟进行适应性试验的国外无性系，以便快速繁殖芽条分发垦区各实验点。

芽接时正值高温季节，由于太阳曝晒，天气十分闷热。育种组的组长、科研人员、技工一齐出动，天天早出晚归，午餐吃在地头，身上汗水湿了干、干了湿，一天多少回谁也说不清。芽接工作就这样持续了将近1个月。

这段时间，何康院长常到大河苗圃看望我们，他和我们一道进

1963年9月，何康在油棕队与职工谈生产（左一）

行芽接。虽然天气很热，但大家有说有笑，都很开心。芽接看起来
简单，但干起来必须聚精会神，十指并用，一点都马虎不得，经常
干得满头大汗。何康院长一边进行芽接操作，一边表示赞同。我们
感到他与我们那样亲近，完全没有距离。

（王锋：原华南热带农业大学教授）

"热作两院"广州校友迎春聚会（1999年2月）

左起：杨四海、余让水、陈河楷、项斯桂、吴修一、何康、黄宗道、于光、马田德、吕飞杰、马道文

2004年，何康与"热作两院""何康奖励基金奖"获奖者合影

2004年，试验场割胶磨刀比武大会

2004年3月，何康调研中国热科院热带生物技术研究所（右二）

2004年3月，何康调研中国热科院香料饮料研究所

2008年春节在何康老部长家聚会：何康、刘中一、陈耀邦、宋树友、李易方、林干、朱丕荣、王甘杭、陈耀春、张文庆、郭书田、张世贤、张毅、孙翔、谢国力、张忠山、强巧玲、王永昌、管金竹等。

2008年1月，何康与中国热科院专家在木薯基地

何康带家人重返海南，与海南大木薯合影

2011年何康重返"热作两院",在周总理题词前合影

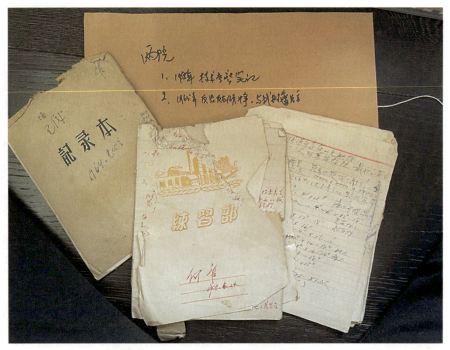

何康在"热作两院"期间使用的记录本

部分聘书

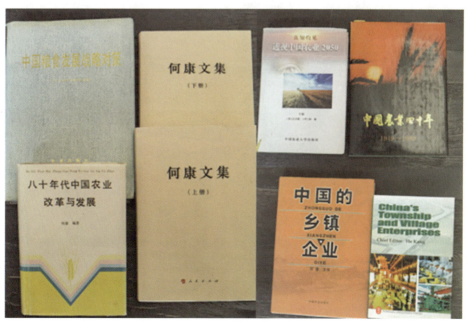

部分著作

纪念奖章

何康使用过的相机